后浪

我们可以坦然接受不可控并尽力而为

[英] 约翰·塞拉斯 著

修玉婷 译

上海三联书店

哲学的疗愈力量
走出价值死胡同

约翰·塞拉斯，伦敦大学皇家霍洛威学院哲学讲师，牛津大学沃尔夫森学院成员，“现代斯多葛学派”的创始人之一。“斯多葛主义周”是一个全球性的年度活动，邀请公众“像斯多葛主义者一样生活一周”，看看这会如何改善他们的生活。

前　言

倘若有人告诉你，你生活中的许多痛苦都取决于你对事物的看法，对此你作何感想？这里说的可不是生理上的痛苦，如病痛或饥饿，而是指其他一切能给人带来负面影响的东西：焦虑、挫败、恐惧、失望、愤怒，以及其他的不满情绪。如果有人表示，他能教你如何避免这些痛苦，你会对此感兴趣吗？如果有人说，这些痛苦只是你错误地看待这个世界的产物，你会怎么想？如果到头来，你发现避免产生这些痛苦的“遥控器”始终握在你自己手中，你又会作何感想？

以上这些问题，可以从三位伟大的斯多葛主义者——塞内加、爱比克泰德和马可·奥勒留的作品中找到，他们都生活在公元一至二世纪。

塞内加由于做过尼禄[1]皇帝的老师而被世人所铭记；曾作为奴隶的爱比克泰德，在获得了自由后，创建了一所哲学学园；而马可·奥勒留曾经是罗马帝国的一国之君。他们的生活看起来完全不同，却不谋而合地将斯多葛主义哲学奉为人生信仰，以此指导自己过上幸福生活。

在这三位斯多葛主义者尽情地挥洒笔墨之前，斯多葛学派就已经有了几百年的历史。斯多葛学派的故事发源于雅典。斯多葛学派的创始人名叫芝诺，原籍塞浦路斯。芝诺出身商人世家，正因如此，他才在公元前300年左右去了一趟雅典帮父亲谈生意。到了雅典，他接触了雅典城里的哲学家，然后开始跟着一些互为竞争关系的学派学习哲学。或许得益于这段经历，他才没有委身于其中某一个学派，而是凭自己的本事成了一名哲学家，并在雅典城中心的彩绘柱廊——一个有廊顶的长廊下，通过演讲的方式开启了他的哲学之路。他的哲学演讲很快吸引了不少听众，这

1. 罗马帝国第五位皇帝，却是第一位少年皇帝，即位时不满17岁。——译者注，下同

些听众后来被人称为“斯多葛主义者”——指经常聚在彩绘柱廊[1]下探讨哲学问题的人。斯多葛学派在芝诺的继承者克里安特斯[2]和克利西波斯的领导下逐渐发展起来，他们俩都是从小亚细亚半岛来到雅典的。后来的斯多葛主义者来自更远的东方，像来自巴比伦的第欧根尼[3]。这些早期斯多葛学派的著作没能流传到近代，甚至都没机会经历从古代的莎草纸卷轴到中世纪的羊皮纸手稿的变迁，而我们只能通过后来的斯多葛学派的引用和总结来了解早期斯多葛学派的思想。

不比不知道，一比吓一跳。我们上文所说的三位罗马斯多葛主义者就留下了大量的文学遗作。就拿塞内加来说，他给我们留下了一系列哲学主题的文章、写给朋友卢西利乌的一堆信，以及许多悲剧故事。至于爱比克泰德，我们可以参考他的学生亚利安写下的一系列笔记——为

---

1. “彩绘柱廊”的原文是“Painted Stoa”，其中“Stoa”是指（古希腊建筑的）柱廊或拱廊。因此，聚集在柱廊下的人就是“Stoics”，即斯多葛主义者。
2. 著有《宙斯颂》（*Hymn to Zeus*）。
3. 并非犬儒学派的代表人物第欧根尼。

了记录爱比克泰德在学园的演讲内容，还有一本概括了这些内容的关键主题的小册子。说到马可·奥勒留遗存至今的东西，那还是跟以上两位有一定差距的：随笔本，记录了他学习斯多葛主义哲学的关键内容，还记录了他将斯多葛主义哲学付诸实践的心路历程。

直至今日，这三位罗马的斯多葛主义者的观点仍激励着许多人，因为他们的著作中提到了所有人都会在日常生活中遇到的一些问题，并通过自己的生活经历来为读者指引前进的方向。从本质上讲，他们的著作讲的是如何生活——如何理解自己在这个世界上的立场，如何应对事态发展得不顺利的处境，如何控制好自己的情绪，如何与他人相处，以及如何过上理性人类应该过的美好生活。在接下来的章节中，我们将对以上某些主题展开进一步的讨论。我们首先要思考，斯多葛主义哲学能给我们带来什么，他们口中疗愈心灵的方法是否有用。其次，要探讨我们能控制和不能控制的东西有哪些，以及我们用哪些角度看待事物会带来不良的情绪。接着，要思考我们与外部世界的关系以及我们在这个世界上所处的位置。最后，我们还要关注自己与他人的关系，因为这个问题在很大程度上会影响我们日常的快乐和痛苦。就像我们即将看到的那样，斯多葛主义者那孤立且无情的形象，很难让我们跟拥有丰富思想脉络的上述三位罗马斯多葛主义者画上等号。三位罗马斯多葛主义者的著作成为经久不衰的经典，这是有充分理由的。他们的声望至今未减，就连新生代的斯多葛主义者也能从他们的作品中获益匪浅。

目　录

第一章 哲学家犹如医生

公元一世纪末，一位来自小亚细亚的获得自由的奴隶在希腊西海岸的一个新城镇建立了一所哲学学校，我们甚至都不知道他的真名。他去希腊并不是出于个人的选择，而是和其他哲学家一样被罗马皇帝图密善[1]驱逐了出去——图密善认为，这些知识分子是自己治国的潜在威胁。哲学学校所在的小镇名为尼科波利斯——由奥古斯都[2]大约在一个世纪以前建成，而创建哲学学校的人名为爱比克泰德，他的名字在希腊语中的意思是“获得的”“买来的”。爱比克泰德的学校在开办期间吸引了许

1. 也被译作“多米提安”，罗马帝国第十一位皇帝。
2. 罗马帝国的开国皇帝，元首政制的创始人。

多学生和著名的参观者，尤其是哈德良皇帝[1]，他对哲学家的赞赏态度可比他的前辈更甚。爱比克泰德本人什么著作也没留下，但他的一个学生——一个叫亚利安的小伙子，通过自己的努力成为了一名举足轻重的历史学家——记录了老师在哲学学校的对话，并且把这些对话整理成了《爱比克泰德论说集》。在这本书中，爱比克泰德十分清楚自己作为哲学家的身份。他提出，哲学家好比医生，而哲学学校就像医院——灵魂的医院。

当爱比克泰德以这种方式定义哲学时，他遵循的是一种根深蒂固的希腊哲学传统，这种传统至少可以追溯到苏格拉底那里。在柏拉图的早期对话中，苏格拉底曾提出哲学的任务是照顾好人们的灵魂，就像医生关照病人的身体那样。关于“灵魂”，我们不要把它假设成任何非物质的、永垂不朽的或超自然的东西。相反，在这种情况下，我们应该仅仅把它看作心

---

1. 罗马帝国的“五贤君”之一，外号“勇帝”。

灵、思想和信仰。哲学家的任务是分析和评估人们思考的事物，检查人们思想的连贯性和议论事物的说服力。在这一点上，哲学家们的想法素来一致，从古至今几乎无一例外。

对苏格拉底和后来的斯多葛学派来说，关注如何照顾人们的灵魂是尤为重要的，因为他们坚信，我们的灵魂最终会决定我们生活的品质。苏格拉底以训诫雅典同胞而出名，他认为同胞们过于关心他们的身体和财产，却很少关注灵魂——即他们的想法和信仰，抑或是他们的价值观和性格。但苏格拉底坚持认为，过上美好生活的关键取决于后者，而不是前者。在后来被斯多葛学派接受的一个重要观点中，苏格拉底试图表明，像巨大的财富这样的东西，在某种意义上是没有价值的。说得再准确点儿，他认为物质财富的价值是中立的。钱财本身既不好也不坏，因为它既可以用于好事，也可以用于坏事。因此，使用钱财的这个人的性格决定了钱财的价值。一个高风亮节的人，会把钱财用于做善事；一个品德不那么高尚的人，很可能拿着钱财做伤天害理的事。

这启发我们什么？这说明，真正的价值——事物是好是坏的根源——在于有钱人的性格，而不是钱财本身。这也说明，过分关注自己的金钱和财产，却忽略了自己的性格状态，是一个重大的错误。哲学家的使命就是激发人们认识到这点，然后在人们试图治愈自己受伤的灵魂之时，送上有力的支持。

有人回应这种思路，认为我们应该只关注自己的灵魂状态，而对世俗的成功、金钱或名誉等事物漠不关心。的确，斯多葛学派把这些事物看作“非善非恶的”。他们认为，只有品德高尚才算是真正的善；相反，品行恶劣就是真正的恶；其他的只能算是“非善非恶的”。在苏格拉底之后，一些哲学家正是这样想的——他们就是犬儒主义者。来自锡诺普的第欧根尼是最出名的犬儒主义者，据说他像一条流浪狗一样住在一个桶里——至少有一段时间是这样。第欧根尼不惜一切代价，也要追求高尚的、优秀的品格，他倡导人类去过简单朴素的生活，呼吁人类与自然和谐相处。看到一个孩子用双手捧着水喝时，第欧根尼会说“在朴素生活这方面，我败给了一个孩子”，然后扔掉他的水杯，这是他为数不多的东西之一。

作为第一个斯多葛主义者，芝诺曾一度被犬儒主义的生活方式所吸引，但最终发现它还是有所欠缺。苏格拉底曾说，金钱既能用来干好事，也能用来干坏事，但如果你没钱，你就连一件好事也干不成。正如亚里士多德所说，有些美德似乎需要建立在一定数量的财富之上，像慷慨或慈善。不仅如此，第欧根尼对财产的强烈厌恶似乎已经超越了这些东西只是“非善非恶”的程度。如果金钱真的是非善非恶的，那我们为什么要在乎自己是彻底破产了还是浑身沾满铜臭味？第欧根尼似乎总是在强调，穷就是比富好。我们可以在后来的基督教传统中看到这种对贫穷的赞美是如何流传下去的。

不过，这并不是芝诺的观点。第欧根尼提出我们应该与自然和谐相处。芝诺的回应是，我们追求那些让人得以生存的事物完全是出于本能，如食物、住所、维持我们健康的事物，以及让我们过得舒适的财产。我们即使全都追求也不过分，更没有理由对此感到不安。我们追求物质上的繁荣，是因为它能保障我们的生存。

在日常的交流中，我们可能会说所有这些对我们有益的东西都是“善”，但追随苏格拉底的芝诺想把“善”这个词留给那些优秀的、品德高尚的人。所以他才会说，他们是有价值的。我们重视健康、富裕和体面，但这些在某种程度上都不算是“善”，只有品德高尚才是善。因此，在芝诺那里，这些事物被称为“非善非恶的”。在其他条件相同的情况下，我们都宁愿富裕而不是贫穷，宁愿健康而不是生病，宁愿受尊重而不是被轻视。这是当然的，谁不是呢？但是，关键问题在于，由于品德是唯一真正的善，我们不应该在追求这些事物的过程中损害自己的品德，也不应该认为其中任一事物能让我们开心。那些追求金钱的人，不仅仅是为了满足生存的需要，而是因为他们认为金钱能带来美好的、快乐的生活，这其实是大错特错。那些为了追名逐利而损害了自己尊严的人，更是犯了严重的错误，因为他们损害了自己的品格——唯一真正的善——仅仅是为了一些“非善非恶”的事物。

这些事物是爱比克泰德在尼科波利斯的学校讨论过的。他的学生主要是罗马那些精英人士的子女，这些人未来将在罗马帝国从事经营或管理类工作。精英人士希望诸如此类的哲学课程能把子女培养得比原来更优秀。

但是，照顾好人们的灵魂意味着什么呢？拥有优秀的品格又需要什么呢？用一个非常过时的词来说，那就是有道德。它尤其意味着审慎、正义、勇敢和节制——这是斯多葛学派提倡的四大基本美德。这就是拥有一个善的品格以及成为一个好人的内涵所在。乍一看，这些关于“美德”的说法都带有一点儿道德主义的意思，但也可能被翻译成更具有描述性的术语。什么叫好人？我们能像谈论一张桌子或一把叉子那样去讨论一个好人吗？一张好的桌子就是符合桌子的定义，能提供一个稳固的平面；一把好的叉子就是能把食物叉起来。如果人类天生是社会性动物，自然而然地出生在家庭和社区中，那么一个好人应该是一个善于社交的人。对别人不好的人——不具备正义、勇敢和节制的性格特征——在某种意义上是做好人不成功。如果这个人一败涂地，我们甚至会怀疑他究竟是不是个人。“那人是个怪物。”——我们可能会这么形容一个犯下滔天罪行的人。

谁也不愿意被人说成怪物。实际上，斯多葛学派在这点上也追随苏格拉底的观点，他们认为，没人愿意恶毒或讨人嫌。每个人都在追求自己心中那些好的东西，即使人们对什么是好的或什么是有益的想法已经被完完全全地扭曲了。同样，这也是哲学家的用武之地。哲学家被看作灵魂的医生，哲学家的使命就是帮我们检查现有的观念中哪些好、哪些坏，哪些想法会让我们受益，以及为了享受美好生活，我们应该需要什么样的东西。

斯多葛学派认为，美好、快乐的生活就是人可以与自然和谐相处。我们将在接下来的几个章节反复探讨这个问题。现在，我们可以说，这既涉及我们与自然的和谐相处，也涉及我们与内在本性的和谐相处。如今，总有人说，人的本质就是自私、喜爱竞争，人们总是在为自己争取利益。斯多葛学派却对人类的本质持有不同的看法，他们的看法更为乐观。斯多葛学派认为，人类基于自身的机制，会自然而然地成熟，成为理性而有道德的成年人。我们在本质上就是通情达理且得体的社会性动物。当然，许多事物会干扰和妨碍这个走向成熟的过程，但当我们发现自己的生活和自己骨子里的本能倾向并不同步时，我们就会变得不开心。

我们因此需要哲学医生的帮助。他们能为我们提供治疗，帮我们回归生活的正轨。我们希望哲学治疗能让我们重新认识到自己是什么样的人，以及我们如何在这种认识的指引下生活。就像苏格拉底说的那样，第一步就是关注自己灵魂的状况，包括我们的信仰、判断和价值观。因此，哲学疗愈的第一课是，我们如果想改变生活的外部条件，那还得更密切地关注自己看待事物的方式。

第二章——你能控制的事

生活中的哪些方面是你真正可控的？你能控制自己是否生病吗？你能决定要不要被卷入一桩意外吗？你能阻止心爱之人的死亡吗？你能选择自己爱上谁，谁爱上你吗？你能保证取得成功吗？你对以上这些事有多大的控制力？你可能会以各种各样的方式对这些事造成影响，但你无法保证这些事尽在你的掌握之中，并且都对你有利。诸如此类的问题是斯多葛学派关注的焦点。

在《道德手册》的开篇，爱比克泰德就开门见山地描述了他眼中那些能否“由自己决定”的事情。我们能控制的事——那些在我们权能范围内的事——包括判断、冲动和欲望。爱比克泰德提出，其他事情似乎最终都会变得不受我们控制，包括我们的肉体、财产、名誉以及世俗的成功。他还提出，人们的许多不开心只是源于错误的分类，本以为自己能控制某些事物，而其实不能。

这种分类似乎涉及内部与外部事物之间的区别：我们能控制自己的内心，但控制不了我们周遭的世界。或者，我们可以看成心灵与肉体之间的区别：我们能控制自己的想法，但控制不了像身体或财产这样的物质。不过，这两种思考方式都不算完全正确，尽管它们都捕捉到了一些正在发生的事情。爱比克泰德并没有说，我们能控制自己内在的一切或所有的想法。相反，他提出，我们只能控制某一套内心活动。进一步说，他认为我们真正能控制的就是自己的判断，以及从判断中衍生出来的东西。我们无法完全控制自己内心的一切；我们也无法选择自己拥有哪些感觉或记忆，我们更无法随心所欲地打开或关闭自己的情绪开关（我们将在下一章探讨情绪的问题）。我们能完全控制的就是自己的判断，也就是我们对发生在自己身上的事情所产生的看法。

现在，我们的判断是非常重要的，因为它决定了我们的行为方式。就像爱比克泰德提出的，判断能控制我们的欲望和冲动。我们可能会发现某件事，对其做出判断，认为它是好的，就会对其产生欲望，继而萌生追求它的动力。当然也要看这件事是什么——一份梦寐以求的工作或一栋价格不菲的别墅——这可能是一个漫长而艰辛的追求过程，对我们自己和其他人来说都要付出巨大的代价。但是，整个过程只是从一个简简单单的判断行为开始的。

因此，判断是最基本的，而忽视判断是很危险的。但是，我们又常常在眨眼间就做出判断，有时候甚至没有意识到自己在做什么。我们可能会迅速判断一件事是好的，而且经常这么干，以至于我们开始假设正在谈论的那件事本身就是好的。可是，哪有什么从外表看就知道它很好的东西？它只是运动中的物质罢了。只有美好的品德才是真正的好。罗马帝国的皇帝马可·奥勒留是爱比克泰德的忠实读者，他时常提醒自己，在对那些看似可取的事情做出判断之前，停下来思考它们的本质：一顿美餐不过是动物们的尸体；同样，昂贵的小玩意儿或豪华跑车也不过是一堆破铜烂铁和塑料。无论这些东西看起来有什么样的价值，都是我们通过判断赋予它们的，并不是它们本身固有的。

爱比克泰德认为，这是好事儿，因为我们完全可以控制自己的判断，通过一些反思和训练，我们很快就能改掉不假思索地判断事物的习惯。如果我们做得到——如果我们能成为自己判断的主人——那我们就能完全控制自己的生活。我们将决定什么对自己而言是重要的，什么是我们渴望的，以及我们如何行动。我们的幸福将完全掌握在自己的手中。从表面上看，爱比克泰德似乎在说我们并没有完全掌控自己的生活，但事实上，他要说的是，我们可以控制一切事关自己幸福的事情。

那么，他说的我们无法控制的其他事物，那些耗费我们大量心力的事物——我们的身体、财产、名誉和世俗的成功呢？我们已经看到，斯多葛学派认为这些事物本身就不是好的。爱比克泰德的观点稍有不同。他认为，即使你把它们看成好的，你其实也控制不了它们。倘若你将自己的幸福依赖于其中某一样，它将受到你无法控制的力量的影响，变得非常不堪一击。无论是一段浪漫的恋情、一个独特的职业追求、物质财富或某种外貌，如果你把自己的幸福感建立在其中某一样上，那你已经把自己的幸福拱手让给了对某件事或某个人的突发奇想。要是你觉得自己确实能掌控这些事物，而事实是你发现自己不能，那么沮丧和失望几乎是必然的。

值得强调的是，爱比克泰德并非建议我们放弃或远离外部世界。就算我们无法控制某些事情，也并非意味着我们就该忽略它们，我们只是应该采取正确的态度。爱比克泰德后来在《道德手册》中提出，把你的生活想象成一场戏剧，而你就是一位戏剧演员。你还没有选择自己的角色，也不能决定接下来演什么，你甚至控制不了这场演出的时长。你与其跟这些无法掌控的事情“死磕”，倒不如安心完成自己的任务，尽自己所能扮演好自己的角色。

让我们再加点儿限定——你发现自己一人分饰多角。如果你愿意的话，你可以做出一些改变——谁也不会认为必须一直被困在一份令人痛苦的工作中，或者深陷于一段不愉快的关系。但是，还有一些事物与人类的生存环境有着密切的联系，而我们对此无能为力。任何人都无法选择自己的国籍、性别、年龄、肤色或性取向，但所有这些都是塑造我们生活的重要因素。

以下这点也很重要，请记住，尽管我们能控制自己的行为，但我们控制不了行为造成的结果。事情的发展并不总是顺遂我们的心意。有时是因为我们没表现好，但通常要怪那些不可控的其他因素。在爱比克泰德之前，一位斯多葛主义者——安提帕特用弓箭手做了一个比喻：即使是射箭高手，也会有射脱靶的时候，因为风可能会吹歪箭原本的航向，而弓箭手对此无能为力。医学也是如此：无论医生的医术有多高明，有时候那些不可控的因素一旦出现，仿佛就意味着他们也无力回天了。斯多葛学派认为，所有的生命都是如此。我们可以尽自己所能做到最好，但我们永远无法完全控制结果。如果我们把自己的幸福跟实现某个结果联系到一起，那我们就得承担经常失望的风险；但要是我们把目标改为尽己所能、做到最好，那就没有什么能阻挡我们前进的脚步。

当说到外部世界发生的事，包括我们的行为带来的结果时，我们真正能做的就是顺其自然。坦然接受已经发生的事，跟它“好好相处”，而不是跟它较劲。马可·奥勒留在《沉思录》中不断地提醒自己，自然处于不断的变化过程中，没有什么是稳定不变的，他对此无能为力。对我们来说也一样，我们能做的就是坦然接受不可控，并尽力而为。

爱比克泰德尤其坚持这点，他认为我们应该把有限的精力放在可控的事情上。忘掉那些不可控的事情，把所有的注意力放在你的判断上，如此相应地改善你的品性，帮助你实现芝诺口中“细水长流的生活”。但我们必须保持警惕，因为一旦我们不再关注自己的判断，哪怕就一小会儿的工夫，就可能重新养成坏习惯。爱比克泰德用水手打了一个比方：

对一个在船上掌舵的水手来说，把船弄翻可比把好舵安全地航行容易多了；他要是想毁掉这艘船，只要稍微冲着风浪转一点儿方向，紧接着就会发生海难。实际上，他什么也不用做：他只要走神儿一小会儿，船照样能翻。

即使我们只放空一小会儿，那也很可能造成我们既有事业的退步。因此，我们需要把反思的环节融入日常的生活中。马可·奥勒留阐述了如何进行晨间反思，他在反思的同时会为即将到来的一天做好准备，细想自己在一天中可能遇到的挑战，以便更好地处理这些挑战。同样地，塞内加概述了晚间反思的过程，他在反思时会回顾自己的一天，思考自己做得好的地方，注意力可能会涣散的地方，以及明天如何做得更好。爱比克泰德想得更远：就像航海的水手一样，我们必须时刻保持专注，为接下来也许发生的任何事情做好准备。我们必须随时掌握自己的哲学原则，这样我们就不会重蹈覆辙，做出错误的判断。这就是哲学，既是一种日常实践，也是一种生活方式。

第三章 情绪那些事儿

据亚利安回忆，爱比克泰德和一名男子在尼科波利斯的哲学学校的会晤足以说明他们对控制力问题的关注。这名男子向爱比克泰德请教，他该拿被自己惹恼的兄弟怎么办。这名男子能拿自己兄弟的愤怒怎么办？爱比克泰德的典型的回答是“什么也做不了”。我们无法控制其他人的情绪，因为他们所陷入的情绪不在我们能控制的范畴内。唯一能为他兄弟做些什么的人，就是他兄弟自己。但是，爱比克泰德并没有置之不理，而是把注意力转移到了这名男子能控制的事情上，也就是他对兄弟的愤怒所产生的反应。这名男子因为兄弟的愤怒而感到难过，爱比克泰德认为这才是真正的问题，但这个问题也只有这名男子自己才能解决。这名男子对兄弟的愤怒做出了判断，这个判断让他产生了不安的情绪。那么，当务之急并不在于他的兄弟，而在于这名前来发牢骚的男子。

这个小故事说明了情绪——既包括其他人的，也包括我们自己的——是如何塑造和影响我们与周围人的互动的。在现代英语中，“斯多葛”一词的意思是无情的、没有情绪的，这通常被看作一种负面的个性。如今，情绪往往被当成好事儿：爱、怜悯、同情、移情就像能为世界做更多的贡献似的。但这个故事突出了其他情绪——愤怒、怨恨、厌烦——人们避之而不及。当古代斯多葛学派劝告人们应该避免情绪化时，他们脑海中出现的基本是这些消极的情绪。

斯多葛学派对情绪的描述是在一个非常容易理解的层面上的，但为了充分地进行理解，我们还是要增加一些重要的条件。他们的核心观点很好理解：情绪是判断的产物。因此，我们要完全控制自己的情绪，并对其负责。上面说的那名男子因自己兄弟的愤怒而感到不安，其实这取决于他对愤怒的态度。如果他换个角度看待整件事，他可能就不会觉得不安了。斯多葛学派的主张——这是一个很重要的观点——不是指我们应该否认或压抑自己的情绪，而是指我们应该首先试着避免陷入情绪。第二个很重要的观点是，斯多葛学派并不认为有人可以像点点鼠标那样，一键关闭情绪开关。你不能只是动动嘴说“我要换个角度思考问题”，然后看到一个人愤怒或悲伤的情绪像魔法一样消失了。

克利西波斯把情绪的产生比作奔跑的过程。一旦你有了一定的动力，那么很难说停就停。你的动作失去了控制，就跟你被情绪支配了是一个道理。所以，你不能简简单单地随意关闭一种你不想要的情绪，你能做的是尽力避免让下一种情绪产生动力，以至于失去控制。

在愤怒的情况下，这似乎是一件很明显的事。当一个人生气（是真的很生气那种）时，他就会被情绪牵制，此时你再跟他讲什么道理都没用了。有一个人对此非常了解，他就是卢修斯·阿内乌斯·塞内加[1]，他原来是西班牙人。在罗马帝国的宫廷内部担任顾问的职业生涯中，他经常与一些被糟糕情绪支配的人发生冲突，而麻烦的是，这些人——像卡里古拉[2]、克劳狄[3]和尼禄这三位皇帝——手握无数人的生死大权，尤其是塞内加本人。卡里古拉十分嫉妒塞内加的各种才能，曾一度下令处死他，却被他的亲信以塞内加身体不好的理由劝阻了。

在塞内加的《论愤怒》中，他把像愤怒、嫉妒这样的情绪描述成一种短暂的疯癫。塞内加借用克利西波斯的比喻提出，当一个人跑得非常快时，没有人能拦得下他；当一个人愤怒时，就像被人从楼上扔下来摔向地面那样，会完全不受控制。一旦愤怒占据了上风，它就会损害人的整个头脑。像这种完全失控的状态，正是斯多葛学派所要警告的。时不时感到恼火只是生活的一部分，它并不会对你造成什么伤

1. 也常被译作“塞涅卡”“塞内卡”，演说家、剧作家。
2. 卡里古拉，罗马帝国第三位皇帝。
3. 克劳狄一世，罗马帝国第四位皇帝。

害。可一个人由于愤怒到极点，忍无可忍想要动手的时候，那就是另一码事了，这正是斯多葛学派希望我们能避免的。

塞内加坚信，我们并不需要用愤怒去回应那些惹毛我们或我们所爱之人的行为。出于忠诚、责任或正义感的冷静行事远比满腔怒火地复仇强。塞内加表示，如果在某些情况下，愤怒会刺激我们，例如跟黑恶势力做斗争，那倒不如在勇气和正义这些美德的指引下，去做同样的事情。

跟其他情绪一样，愤怒也是头脑判断的产物。也就是说，它属于我们可控的事物，或者说，它至少是我们在未来可以避免产生的。可一旦做出了判断，愤怒很快就会变成实实在在的东西。塞内加将愤怒描述成一种以身体肿胀为病征的身体疾病。无论我们产生怎样的情绪，都可能联想到许多身体症状：心跳加速、体温上升、心悸、出汗，等等。一旦这些症状表现出来了，我们根本没有办法消除它们，除了等待。

斯多葛学派的观点和他们留给人们的印象相反，他们并不认为人可以或应该成为没有感情的石头。所有人都经历过塞内加所说的“自然冲动”。具体是指，当我们被一些经历触动时，我们可能会感到紧张、震惊、兴奋或害怕，甚至哭泣。这些都是非常本能的反应；它们是身体的生理反应，而不是斯多葛学派所说的情绪。在塞内加看来，一个心烦意乱的人突然冒出了报复的想法，但没有付诸实践，那就说明他不愤怒，因为他还控制得住自己的情绪。一个人突然感到害怕，但又保持淡定，也不算是恐惧的情绪。要让这些“自然冲动”适时地转变为情绪，就需要通过头脑判断发生了什么糟糕的事情，然后采取行动。就像塞内加提出的观点，“恐惧让人逃离，而愤怒让人攥拳”。

塞内加认为这个过程分为三个阶段：第一，不自觉的自然冲动，这是不受我们控制的自然生理反应；第二，对经历做出判断，这是在我们掌控之中的；第三，某种一旦产生就会失去控制的情绪。一旦情绪产生，我们能做的就只有等待它的平息了。

我们做出的判断为什么会产生有害的情绪？如果你认为自己受到了某个人的伤害，那你对他发火似乎是再顺理成章不过的事情了。塞内加认为，愤怒通常是受伤害的产物。因此，我们要面对的是某种已经造成的伤害给你带来的印象，这种印象其实已经包含了一种判断。爱比克泰德是这么说的：

记住，真正侮辱你的不是打你、骂你的人，而是你认为自己受到了侮辱的这个想法。因此，如果某个人成功地激怒了你，你要意识到，是你自己的想法在作怪，是它成功地挑起了你的愤怒。

他还说，这就是不要对发生的事情做出冲动反应的原因，这点很重要。在对刚刚发生的事情做出判断之前，请停下来，给自己一点儿反应的时间，这是很有必要的。要是有人批评你，你可以先考虑一下他们说的是真是假。如果是真的，那么他们的确是指出了一个问题，你大可以现在就去改正它。这样的话，他们就算是在帮你。如果是假的，那么他们说错了，而受到伤害的就只有他们。不管怎样，你都不会因为他们的批评而受到伤害。唯一会让你受到真实且严重伤害的情况是，你把自己激怒了。

塞内加把注意力放在了像愤怒这样的具有破坏性的负面情绪上。但愤怒不是唯一的情绪。当然，还有一些破坏性不高的其他情绪，这些情绪其实主要是正面的，而且我们并不想失去它们。一个明显的例子就是爱，既包括父母对子女的爱，也包括两个成年人之间的浪漫爱情。那么，斯多葛学派是不是建议我们废掉这些爱？

斯多葛学派认为，父母对子女的爱不属于那种我们最好能够避免的非理性情绪；相反，这种爱或多或少是一种普遍的本能。我们出于本能关心自己，追求那些我们生活必需的事物，避免那些可能伤害我们的事物，所有的一切都是为了保护我们自己。这种自我保护的本能很快就扩展到了我们身边的人身上——首先是我们亲密的家庭成员，最好是包括所有的家庭成员。至于浪漫的爱情，我们可能会说，一段健康的关系是建立在对伴侣和生育的自然欲望之上的，而不健康的关系是建立在夹杂着占有欲和嫉妒心的负面情绪之上的。显然，斯多葛学派并不想把人变成冰冷无情的石头。

因此，我们依然会对事情做出平常的反应——我们会跳脚、退缩、瞬间感到害怕或尴尬、哭泣——而且我们仍然会强烈地关心身边的那些人。然而，我们不会做的反应是助长愤怒、不满、痛苦、嫉妒、痴迷、永远害怕或过度依恋等负面情绪。因为这些情绪会摧毁美好的生活，所以斯多葛学派希望它们最好不要出现。

第四章——面对逆境

天有不测风云，人有旦夕祸福。即使我们接受了爱比克泰德这个观点，也不会自然而然地减轻灾祸给我们带来的打击。对于“我只能把控自己的判断力，却无法保证自己能安享晚年”的观点，也许我能全盘接受，但也不妨碍我想象自己身患疾病，痛苦不已，陷入一场真正的逆境。

对于古罗马的斯多葛学派来说，生活处处是逆境，而哲学的主要任务之一就是帮助人们度过人生的跌宕起伏。这一点，相信塞内加比任何人都有发言权，因为他的真实生活与他所向往的那种平静、安宁的理想生活相去甚远。在混乱的公元一世纪左右，塞内加不得不面对以下考验：儿子的离世，被流放到科西嘉岛八年，被赦免流放（但条件是他要去做年轻皇帝尼禄的老师），担任尼禄的顾问且不能轻易辞职，一位至亲好友的离世，还有最关键的一项考验——被迫自杀。尼禄怀疑塞内加参与谋反，便要求自己年迈的老师以死谢罪。塞内加的夫人得知后，执意要与丈夫共死，于是夫妇两人都割了腕。然而，塞内加夫妇并没有当场身亡。塞内加的夫人保利娜得以幸存，塞内加则被赐毒酒，最终在蒸浴中结束了自己的生命。这样的人生绝不是什么安宁的“哲学生活”。

塞内加在阐述“如何应对逆境”这个问题时，其实正处于他生命的早期，早到上面提到的那些逆境尚未出现之时。我们从他四十多岁时写的《论天意》中就能看得出来。当时，尼禄刚刚出生，而塞内加也未被流放至科西嘉岛。可就在这个时期，塞内加失去了自己的父亲，还跟卡里古拉皇帝闹翻了。不过，我们也看到了结果，塞内加当时因身体虚弱而逃过一劫。身患疾病、死亡威胁、丧亲之痛接踵而至——然而，跟他的后期经历相比，这些都不算什么。在当时的人们看来，塞内加就是一个享有特权的伪君子，身为腰缠万贯的精英分子之一，他竟然整天恬不知耻地赞颂简单生活之美。毕竟从许多方面来说，塞内加都是一个幸运儿，因为与同辈人相比，他拥有绝大多数人连做梦都不敢想的机遇。当然，伴随机遇而来的还有逆境，塞内加在“如何应对逆境”这个问题上费尽了心思。

塞内加的著作集中讨论了为什么人们会遭遇如此多的不幸。他从几个不同的方向思考这个问题。首先，他坚信没有什么真正糟糕的事情发生，所有外在的事件本身既不是好的，也不是坏的。有人也赞同这点，并认为人们不应该急于做出草率的判断，这样更容易接受现实，而不是一味地评判已经发生的事情到底有多糟糕。

然而，塞内加的想法更进一步。他不仅认为我们不应该把表面的不幸看成真正的不幸，还认为我们应该把它们当作对自己有益的事来欢迎。他提出，品德高尚的人会把所有的逆境看作锻炼的机会。塞内加以角斗士为例，他认为角斗士得益于对手的强劲而变得强大，如果他只跟比自己弱的对手较量，那么他的技术最终会“退化”。角斗士只有当面临真正的逆境时，才能证明自己的技术高超，而一场艰苦的比赛就发挥着训练的作用，可以让他精进自己的战斗技能。生活中的逆境也发挥类似的作用：它让我们展现美德，对美德进行训练才能使我们进步。如果能理解这点，那么逆境无论何时降临，我们都能愉快地迎接它。

塞内加还引用了大量著名的历史文献，并举了一个士兵的例子。他说，就像一位将军只会派他最好的士兵去参加最艰难的战斗那样，神也只会把最有难度的挑战交给最值得的人。因此，经历逆境是一种具有高尚品德的标志。

相反，过多的好运其实对我们来说不是什么好事儿。如果从未经历过任何困难，那我们什么时候才能受到考验？如果生活总是一帆风顺，那我们要怎么锻炼耐心、勇气或韧性这样的美德？塞内加提出，无穷无尽的奢侈和财富只会让我们变得懒惰、自满、忘恩负义、贪得无厌，应该没有比这更糟糕的运气了。这真是大不幸！相比之下，无论生活抛给我们什么样的逆境，都将永远是一个让我们了解自己、提高品德的机会。

乍一看，所有这些似乎都是取决于对神的旨意的信仰。相信神的旨意这回事的人似乎可以从塞内加的话中领悟到一些道理。那么，不信怪力乱神的人呢？如果有人不相信世上有强硬而仁慈的神，那这一切都是空谈吗？我们可能也想知道，塞内加本人是否相信这样一位神。他在公元一世纪三十年代末写的文章，远远早于基督教真正的发展时间。虽然中世纪流传着一系列塞内加和圣保罗之间的信件，但人们不再承认信件的真实性，而且塞内加貌似不太可能对新兴宗教有所了解。所以，塞内加所指的神是斯多葛学派的神。斯多葛学派认同自然中那些富有活力的理性原则，他们的神并不是一个人，而是一个物理原理，可以解释自然界的秩序和组织（我们将在下一章展开探讨这个问题）。当塞内加提到“神的旨意”时，他指的是组织原则，斯多葛学派将它跟命运联系到一起，用西塞罗的话来说，斯多葛学派的命运是物理的命运，而不是迷信。

鉴于这一切，我们应该如何从字面上理解塞内加描述的，一位强硬的神分发给我们的考验呢？难道这一切都可能是夸张的修辞效果吗？我认为，无论你的宗教信仰如何，我们都可以在不过多地抛开塞内加的神学观念的前提下，通过一种方法理解塞内加所说的逆境。一个人是否信仰仁慈的神、泛神论的秩序或原子大混乱，都完全取决于自己的选择，即我们如何看待一件事：当作一场灾难，还是一个机遇。一个人被解雇是一件不幸之事还是一次寻找新工作的机会？尽管类似事件一旦发生，必然是一场挑战——没有人能若无其事地忽视极其真实的后果——但在把它看作一个可怕的打击和一场正面的挑战之间，我们可以做出选择。这件事由我们自己说了算。我们也能看出，塞内加和爱比克泰德强调的内容是不同的。塞内加建议我们把看似糟糕的事情看成真正的好事（或至少是有益的事），爱比克泰德则劝告我们在糟糕的事情上花费最少的精力，把注意力完全地放在自己的判断力上。

塞内加从自己的人生中把逆境了解得十分透彻。他努力从积极的角度去看待自己的经历，而这无疑是他帮助自己应对那些困难处境的众多方法之一。正如他被放逐到科西嘉岛期间写给母亲赫尔维亚的信中说的那样："遇到永恒的不幸，也有一个好处，那就是最终会使不断遭受折磨的人变得坚韧不拔。"他在《论天意》中的言辞有时会让人觉得他乐在其中，还做好了准备迎接命运的下一轮猛攻，就像他能从中获益似的。不过，他在写给好友卢西利乌的一封信中的语气却完全不同：

我不赞同一些人要过漂泊的日子和直接破罐子破摔的主张，这种人每天的生活就是在世俗的磨难中进行猛烈的挣扎。聪明人会忍受这些事情，而不是自己主动找麻烦；比起处于战斗状态，聪明人更愿意保持平静的状态。

但凡是个头脑正常的人，就不会主动贴近逆境，即使逆境能带给我们一些有益的教导。但是，训练一些技能以应对逆境的到来——它肯定会到来——只会对我们有利。塞内加在写给母亲的信中写道，最难以应对逆境的是那些没有做好准备的人，如果一个人做好了准备，那么应对逆境就简单多了。这个观点在另一封慰问信中也提到过，这封慰问信是写给玛西娅的，她是塞内加的老友，一位可怜人。大约在三年前，她失去了一个儿子，这份丧子之痛延续至今。按道理讲，哀悼的日子早该过去了，可悲伤已经成了她的一种习惯。塞内加认为，是时候帮她排忧解难了。

塞内加对这个情况的分析中最有趣的部分是，预谋未来会发生的坏事。这就是像克利西波斯这些早期斯多葛主义者所提出的观点。这种观点指的是，人们应该考虑到可能发生的坏事，这样的话，如果坏事真的发生，那就可以更好地应对坏事。塞内加提出，玛西娅的部分问题在于她从未充分地考虑过她儿子死亡的可能性。尽管我们都知道，从出生的那一刻起，每个人都注定死亡。这并不仅仅是可能发生的事情，而是将来一定会发生的事情。

塞内加提出，正是由于人们没有预料到坏事，所以悲伤对人们的打击才如此之大。我们看到的和听到的死亡与不幸，一直都在影响着他人，尤其是在我们这个信息爆炸的时代，但我们很少会透过新闻想一想，自己在相似的场景下可能会做出怎样的反应。塞内加告诉玛西娅——也告诉我们——人可能不想听到的一系列事情：我们都是脆弱的；我们所爱之人必有一死，而且意外可能比明天先到；我们拥有的所有荣华富贵和幸福安康都可能随时被不可控的力量夺走；即使我们认为境遇已经难上加难了，也总有更难的事情冒出来。如果幸运女神偏不眷顾我们，那么究竟要如何做准备才能应对逆境？当我们看到新闻上报道的事情发生在遥远的陌生人身上时，我们会像平时一样表现得冷静和漠不关心吗？在这些情况下，我们倾向于只承认这种痛苦是生活的一部分，有点儿遗憾却不可避免。当事情没发生在我们或我们所爱之人身上时，谁都能“变身哲学家”，但真的轮到我们呢？

塞内加提出，如果你考虑过某些不幸，却说“我没想到真的会发生在我身上”，这完全是说不通的。尤其是在你知道可能会发生，还看到它真真切切地发生在许多人身上之后。为什么不能是你呢？考虑到所有生物都难逃一死，还会感到悲伤，那更讲不通。如果死亡一定不会缺席，那为什么不能是现在来临呢？指望自己总能躲过一劫，这是荒谬的。塞内加提出，考虑可能出现的逆境，以及在某些节点必然会出现的逆境，有助于在逆境突袭之时，给我们一个缓冲。减缓了逆境的冲击，可以帮我们更好地应对逆境。实际上，塞内加的建议是我们要为每一件可能发生的事情做好准备，包括那些我们不愿意看到它发生，甚至连想都不愿意想的事。我们不该抱着假设过日子，觉得人定胜天，还以为所有的事情最后都会如我们所愿，因为这基本不可能。如果你觉得这句话看着不是滋味，那说明——忠言逆耳。

第五章——摆正自己的位置

跟塞内加的坎坷人生相比，马可·奥勒留的人生之路要平坦得多。尽管他幼年丧父，但他在十几岁时就被皇室收养，还在公元161年，也就是他四十岁生日的前一个月，成了一国之君，直到公元180年去世。对马可来说，他在在位的大多时间里忙于捍卫罗马帝国北部边界的战争；但对后人而言，他的统治基本算是罗马帝国史上最辉煌的时期之一。当他在日耳曼尼亚——就在距离今天的维也纳不远的地方——参加战争时，正到了他生命的最后关头，他留下了一本笔记本，上面是他写给自己的话，其中包括他每天认真处理的事务以及为明天所做的规划。

马可·奥勒留的《沉思录》自十六世纪末

首次出版以来，一直吸引着无数的读者，从腓特烈大帝[1]到比尔·克林顿[2]。但是，马可这本书不光吸引了那些身居高位并发现自己正在与压力缠斗的人。任何人都能翻开这本书，并从中得到生活的启示。比如，一名来信评论的青年表示："我今年23岁了，每天过得浑浑噩噩，找不到前进的方向，幸好马可·奥勒留的《沉思录》给我指点了迷津。"他的确是众多发现《沉思录》妙处的人之一，虽然这本书不至于能救命，但至少算得上是生活指南。我觉得，这是因为读者认同马可的观点，他给人的印象是很有人情味，能努力与日常生活中的压力、工作场合中的责任，以及社交聚会的疲惫做斗争。马可也许曾经是罗马帝国的君主，也许被后人赞誉为睿智的斯多葛主义哲学家，但我们在《沉思录》中看到的只是一个每天兢兢业业地活着的中老年男子。

《沉思录》的中心主题之一就是命运。这

1. 普鲁士国王，德国历史上最伟大的国王之一。
2. 第42任美国总统。

让我们想到了爱比克泰德所关注的控制力。马可在年轻时读过《爱比克泰德论说集》，书中的论述对他产生的影响贯穿于他的作品之中。不过，爱比克泰德将注意力转向了内部，那些我们能控制的事物，而马可转向了外部，沉思那些不可控事物的浩瀚。马可一次次地将自己的生命看作漫长时间中一个渺小的瞬间，将自己的肉体看作浩瀚宇宙中一粒微不足道的尘埃：

跟漫无边际的时间深渊相比，上苍分配给每个人的时间是多么微乎其微——只用一瞬间，时间就消失于永恒之中；跟宇宙中的物质和宇宙中的灵魂相比，我们的肉体和灵魂又是多么微乎其微；跟整个地球的面积相比，我们赖以生存的那块土地更是微乎其微。

马可想象自己在别处，从一个很高的视角来俯瞰整个地球——就像后来宇航员们所做的那样——看到每个国家有多小、大城市有多小。至于在城市中生活的人，他们满脑子装着忧虑和牵挂，从这种宇宙的视角来看，其实他们什么都不是。设想站在这样的一个制高点，我们就可以感受到，宇宙根本不关心我们。它凭什么关心我们？

严格来说，这并不是斯多葛学派的观点。斯多葛学派没有说，自然是一团运动中的无关紧要的物质。正如我们在上一章看到的，塞内加认为自然由一位家长式的神明控制着。斯多葛学派的官方观点是，自然是有理性原则的，这个原则控制着自然的秩序和活力。他们称这个原则为“神”（宙斯），但它不是一个人，也不是超自然的力量——它只是自然。自然不是盲目的，也不是混乱的，而是有秩序且美丽的，它有着独特的运行规律和模式。它也不是由死物质构成的；它是一个单一的有机体，而我们都是其中的一分子。

如果这听起来很奇怪，跟现代科学揭示给我们的自然不太一样，我们也许可以跟詹姆斯·洛夫洛克[1]提出的盖亚假说进行一番比较。盖亚假说是指，整个地球上的生命应当被视为一个生命体，不仅包括那些显而易见的有机体，还包括像岩石圈、大气圈这样的无机体。只把植物和动物视为有机体是不对的。这个单一而统一的生物圈可以为了自己的利益而进行自我调节和自我作用。洛夫洛克是这么定义的：

这是一个复杂的实体，包括这个地球的生物圈、大气圈、海洋和土壤等；它构成了一个反馈或控制论系统，为整个地球上的生命寻找一个最理想的物理和化学环境。

跟所有科学理论一样，这个假说的目的在于为现有事物做出最好的解释。它提出，自然中某种形式的组织原则存在的原因，就是让生命获益。这也可以用科学术语来解释——控制论系统——或者将其称为更有诗意的名字“盖

1. 英国科学家，被誉为世界环境科学宗师。

亚”。斯多葛学派的自然观跟这个来自二十世纪末的科学理论有不少相通之处，有时会通过纯粹的物理术语来解释，但有时也会借希腊神话来阐述。对斯多葛学派来说，“神”和“自然”只是同一个单一生命体的两个不同的名字，它们都涵盖了万事万物。

斯多葛学派认为“自然”是一个有智慧的有机体，受命运的掌管。斯多葛学派认为“命运”仅仅意味着一连串的原因。自然界由因果关系决定，而这正是物理试图去解释和理解的。像马可这样的斯多葛主义者，接受现实的命运——因果决定论——是最基本的。这不只是意味着有些事情我们无法控制，而且意味着，除此之外，它们不可能有其他结果了。也许你已经认识到，自己无法控制一些重要事件的结果，但你还是会一直祈祷事情的结果有所不同。斯多葛学派坚称，事情不仅不在你的控制之内，而且不可能有其他结果，这是因为有各种各样的原因同时发挥作用。

这听起来可能带点儿宿命论的意味：在塑

造世界的强大力量面前，我们这些渺小的物质微粒又能做什么呢？注意，这是一种错误的观念，斯多葛学派绝对不提倡我们这么消极。我们的行动确实能够产生影响，它们本身就可能是促成事件结果的原因。老话说得好：谋事在人，成事在天。我们自己是命运的创作者，同时是广阔自然界的一分子，也要受到命运的支配。但是，这并不能改变这样的现实，那就是当一个事件发生时，各种各样的原因都开始发挥作用，最终还是会出现别无二致的结果。因此，祈祷事情以不同方式收尾，其实是一场徒劳。马可是这么说的：

自然能给予一切，也能收回一切。那些有教养而谦卑的人会对自然说："你愿意给我们什么，就给我们什么；你想收回什么，就收回什么吧。"他说这句话并不是有意逞强，而是出于对自然的服从和善意。

对斯多葛学派来说，命运是补救逆境的核

心要素，因为要接受不愉快的事情，某种程度上就是要接受它们势必发生的事实。一旦接受了某些事情是不可避免的，我们就明白抱怨毫无意义，抱怨只会徒增痛苦，只会显得我们没有好好理解这个世界运作的法则。

我们从马可·奥勒留身上看到的这种态度，跟我们之前在塞内加身上看到的态度大不相同。塞内加强调自然中的天意秩序，而马可更关注事件发生的必然性。在《沉思录》的一些段落中，他对自然是一个理性的预设系统，还是仅仅是一个在无限虚空中由无数原子碰撞产生的随机物这个问题持有不可知的态度。马可不是物理学家，他身为皇帝，几乎没有时间亲自去调查这件事。无论如何，他最终的观点是，这个问题的答案对实际生活来说无关紧要。无论自然是由神明、控制论反馈系统或盲目的命运统治的，还是原子相互碰撞的随机产物而已，我们的反应都应该是一样的：接受发生的一切，并竭尽所能予以回应。

说到这里，在《沉思录》的其他内容——

根据不同的方式、不同的心情，以及生活中的不同事件而写出的段落——中马可的观点似乎变得更加清晰：

宇宙本性的冲动是创造一个有秩序的宇宙。那么，现在一切事物必须是遵循合理的顺序产生的；否则，宇宙本身的理性所指向的首要目的将会是非理性的。想明白这一点，你就能更加心平气和地面对一切邪恶的事物了。

无论是否像塞内加所说的那样，神明为了我们的利益而安排好自然的秩序，马可仍然认为，哪怕对事情的秩序和原因了解得不多，也可以帮我们应对一些逆境。事情的发生总有某种原因，即使它是已经存在的事态和物理定律相结合而产生的必然结果。

马可还提出，在日常生活中，我们应该关注物质世界的其他特征。这点我们可以参考下面这段详细的引文：

愿你养成观察万事万物变化的习惯，勉励自己常关注变化，并在变化中努力研习。因为没有什么能比研究这个更提升你的思想。如果一个人愿意这么做，他就会抛弃自己的肉体，而且他会意识到，自己必须将一切抛置身后、远离尘嚣。从那时起，他会心无旁骛地投身于正义，确保自己的一切行为公正无私，将自己完全交付给自然。无论别人怎么说、怎么想、怎么反对他，他都不去理会；因为他的眼里只有两件事，一件事是确保自己现在的行为公正无私，另一件事则是对自己现在的命运感到满足。

这里要告诉我们的是，我们只是自然的一部分，受制于它强大的力量，必然会感觉到它运动的涟漪。如果我们无法完全理解这一点，那恐怕永远也享受不到和谐的生活。

第六章

生存与死亡

我们谁也不知道自己会在什么时候、以哪种方式离开人世，但我们知道自己现在经历的一切终有一天会被画上句号。试问有多少人充分意识到这点？我们大多数人都熟知别人的故事，像是跟死神擦肩而过，或者是被诊断出绝症，而其中有些故事的结局是正面的：故事的主角不但对生命有了崭新的认知，变得感恩，还利用所剩不多的生命重整旗鼓。对于那些没有经历过这些事的人来说，他们很容易忘记自己也会死去，自己所剩的时间也并不多了。

正如我们前面看到的，塞内加确信，自己的人生随时都可能结束，要么是终结于一场大病，要么是终结于一个暴脾气的皇帝。这让他反思了时间的价值以及如何发挥时间的最大价值。出人意料的是，塞内加坚称每个人的时间都绰绰有余，无论生命最终是长是短，问题在于我们浪费了大部分时间。时间是我们所拥有的最宝贵的东西，这个观点似乎听起来是陈词滥调，但我们应该反思，有多少人真真正正地把这个观点铭记在心。

塞内加在《论生命之短暂》中指出，对我们大多数人来说，当我们真正准备好开始生活时，我们的生命就快结束了。不是因为我们的生命太短暂，而是因为我们虚度了许多时光。我们耽搁了很多时间，追求一些没有价值的东西，漫无目的地混日子。有些人努力取得成功，这样他们就能变得富有，富到购买奢侈品，而这些奢侈品都不会陪他们到老，没过多久就会被丢进垃圾桶。他们这么做就是在浪费自己大把的光阴。还有一些人什么都不想，没有特定的生活目标，他们每天就是循规蹈矩地生活，丝毫感觉不到自己拥有的世界上最宝贵的资产——时间——正在悄然而逝。有些人虽然很清楚自己想要什么，但由于害怕失败而原地踏步，他们对事情一拖再拖，还不断地编造借口，以解释为什么现在还不是采取行动的最佳时机。塞内加认为，以上这几种人都属于人生的失败者。

只有在极少数的时刻，大多数人才能真正地感到自己还活着。生命中的大部分时间都是短暂易逝的。那我们还有什么补救办法？塞内加为什么认为我们可以控制自己的生命，并充实地度过余生？

首先，不要再理会他人的眼光了。不要试图给别人留下好印象，更不要为了获得一点儿好处去迎合别人。有太多的人在意他人的眼光，却不怎么在意自己的想法。为了他人牺牲自己的时间，却很少给自己留出时间。塞内加表示，一个人可能会好好保护自己的财产，却轻而易举地舍弃了比财产更宝贵的时间，这简直太荒谬了。

还有一个残酷的现实，你得时刻牢记，那就是人终有一死。你的时间并不是无限的。无论在何时，你生命中的大部分时间都已经过去了。不仅如此，你还不知道自己到底剩下多少时间。其实，今天或者明天可能就是你的末日。你可能还有几个礼拜、几个月，甚至是几年的时间——事实是谁也不知道自己还能活多长时间。人们总是轻易地假设自己能活到八十多岁或九十多岁，但其实并不是所有人都能活得这么长久。这种假设也许是错的，但无论对错，它都会使得人们把事情拖延到可能永远都不会到来的那一天。对把自己的计划和梦想推迟到退休的那些人，塞内加发出了一声冷哼。你真认为自己能活到那个时候吗？就算你活到了，你确定自己到时候还是身体倍儿棒，足以完成自己年轻时的计划和梦想吗？如果这一切你明明能够做到，那你为什么要把一切拖延到生命的最后关头呢？

还有一个问题，什么是值得追求的。对很多人来说，人生的目标就是取得某种形式的成功，不管是获得财富或名声，尊重或荣誉，还是升职加薪，走上人生巅峰。然而，塞内加指出，通常取得这些成就的人远远得不到满足，因为成功往往伴随着一大堆的要求和压力。他们在获得了自己所有想要的东西后，发现唯独缺了一样：留给自己的时间，让自己过清净日子和休闲隐居的时间。

当然，成功带来的也不只是大量的要求。生活在一种不断令人分心的状态下，实在是太容易了，我们永远无法全神贯注于自己应该做的事、自己真正想做的事，甚至是纯粹地体验活着的感觉。接连不断的噪声、各种干扰、新闻媒体、社交媒体等——所有这些都占据了我们太多的注意力，渐渐地，我们会变得很难集中注意力去完成某一件事。正如塞内加所说："在全神贯注的人看来，生活是一件最不重要的活动。"实际上，他们最终什么也没做。一旦养成这种习惯，他们就会频繁地陷入一种坐立难安的状态，既无法放松自己，也无法专注于任何事。这些人只有在生命即将结束的时候，才充分地意识到生命的价值。

塞内加提出，如果我们不解决这些问题，那我们活得再久也没什么意义。即使能活上千年，我们还是会荒废大部分时间。因此，我们的任务不是努力地延长自己的寿命；相反，我们应该确保自己享受当下，充分利用好即将到来的日子，而且不要忘记每一天都可能是自己生命的最后一天。

很矛盾的一点是，学会好好生活是一件要花费一生才能完成的任务。塞内加补充说，过去有智慧的人放弃追求快乐、钱财和成功，就是为了把自己的注意力放在好好生活这件事上。尽管他们最终没能在这件事上达成一致，但塞内加坚持认为，保留好自己的时间，并将时间留给自己才是至关重要的：

每个人都忙于自己的生活，对未来有所憧憬，也对当下心生厌倦。但是，当一个人把所有的时间都花在自己的需要上，并把生命的每一天都当作最后一天来过时，他既不会对明天有所期待，也不会对明天产生忧虑。

把每天当成末日来过的想法，或许听起来

有点儿不正常；这似乎也阻碍了我们规划未来的脚步。请注意，塞内加并不是建议我们真的把每天当成最后一天来看。相反，他是在提醒我们，思考一下事实可能是什么样子：我们不知道一切会结束于何时，这就是问题所在。如果我们知道自己剩下一年的时间，那我们至少还能相应地计划和安排，以确保不浪费任何一刻。如果我们没有这种紧迫感，那么就很容易浪费掉所有的时间。

当我们重新认识到时间的价值，并下定决心优先考虑自己的休闲时间时，塞内加又会给出什么样的建议呢？他首先排除了玩游戏和做运动，以及节假日人们经常做的，被他称为“日光浴”的活动。实际上，他抨击了许多如今人们眼中的“休闲活动”。相反，他认为哲学是最好的、最有价值的活动，这里指的是思考、学习，读读文史著作，鉴史明今等。他认为，这些活动跟四处奔波追逐世俗成功的活动截然相反，后者是“以生命为代价而赢来的”。

塞内加的文章对公元一世纪罗马攀比财富

的文化氛围进行了批评，认为这种文化十分肤浅。值得注意的是——在某种程度上也令人震惊——这种肤浅的文化残留至今。我们总是一厢情愿地认为，在过去的两千多年里，人类已经向前迈进，人性也已经有所进步，但塞内加向我们证明了，人们如今关注的问题跟两千多年前罗马帝国的居民所关注的问题没有什么差别。

在塞内加写下这些文章之后的五十多年里，爱比克泰德也跟他的学生在尼科波利斯探讨了生存与死亡的问题。在这场对话的记录中，爱比克泰德反复将生命比作礼物，也就是一种我们被赠予的东西，同时也是可以被夺走的东西。生命并不属于我们自己，而是属于给予我们生命的自然。对这种更崇高的力量，他表示：

如今你要我离开这场热闹的集市，那么我就走了，什么也不带走，唯独感恩能与你共享这盛事。

生命是一件大事，就像参加一场热闹的集市或聚会，也正如这些事情一样，它终将结束。无论我们是想感谢东道主带来的美好时光，还是哀叹美好时光不能再持续下去，这都取决于我们自己。

所以说，你的生命就是一份礼物，终有一天你要把它还回去。这一点同样适用于你所爱的人：

在任何情况下都不要说“我丢东西了”，而是要说“我把它物归原主了”。“你的孩子去世了吗？”“没有，他只是回归自然了。那你的太太也离世了吗？”“没有，她也只是回归自然了。”

我们所拥有的、所深爱的一切都只是暂时借来的。任何东西都无法被永久地保存，更何况我们自己也不会永远地存在于世。这是一场人类存在的悲剧，蕴含着苦乐参半的真相，而爱比克泰德却对此直言不讳：

如果你想让自己的孩子、妻子或好友长生不老，那你就是个不折不扣的傻瓜；那是远超越于你的力量才能做到的事，而且生命也不是你能拥有的或能给予的礼物。

爱比克泰德以一种十分切合实际的方式谈论了死亡。无论死亡是发生在我们自己身上，还是发生在他人身上，都不可怕。如果可怕的话，那苏格拉底早就意识到了。爱比克泰德认为，以智慧著称的人物都曾以镇静的态度面对死亡，这件事应该引发我们的思考。我们认为死亡可怕，但这个想法仅仅是我们判断力的产物。我们可以换个角度来想。实际上，爱比克泰德坚称，我们应该以不同的方式来看待死亡，因为把死亡看得很可怕是一种错误的判断。残酷的现实是，活着本身就是一件无关紧要，而且不管怎样都是不可控的事情。

在这一切教导中，爱比克泰德的目的都是为了减轻我们对死亡的焦虑，安抚我们失去所爱之人的悲痛。可是，和塞内加一样，他也希望我们能领悟到自己生命的价值。我们的生命并不属于自己，它随时都可能被夺走，所以好好珍惜生命吧！在《道德手册》的最后，爱比克泰德把生命比作奥林匹克运动会：比赛即将开始，你不能再拖延了，因为一切结果都将取决于你此时此刻的所作所为。

第七章 过一过集体生活

目前为止，我们谈论的大部分观点都跟自我有关——评论家可能会说，这些观点都太自我中心，太利己主义了。爱比克泰德对我们能控制的东西和不能控制的事物的区分，似乎是在建议我们放弃外部世界，以便把注意力集中在自己的判断上。我们从马可·奥勒留的描述中发现，他曾经为了逃离外部世界而躲到自己的“内部堡垒”中。这种撇下所有人逃离外部世界，只为了关注自己幸福的做法，真的是斯多葛学派的本意吗？

绝对不是。我们不是独立的个体，而是自然的一部分。斯多葛学派跟亚里士多德的观点一致：人是天生的社会性动物，也是天生的政治性动物。我们是在群体中出生的：出生的瞬间就成了家庭的一分子，同时也成了当地群体的一分子，国家的一分子，乃至全人类的一分子。此外，正如我们在前文看到的，斯多葛学派转向了内在，他们更关注于培养美好的、善良的品德，并避免产生有伤害性的、反社会的情绪，如愤怒。这件事的重点在于，我们必然是群体中的一分子，最终还是要回归外部世界，扮演好自己在不同群体中的角色，并使自己发挥更大的价值。

实际上，这正是爱比克泰德最强调的一点，我们每个人都有多重身份。他提出，其中有一些身份来自自然。比如，父母这种身份不是社会建构出来的，因为我们知道动物也会抚养后代，就像人类一样。此外，我们还有一些跟社会地位或工作相关的身份。比如，有些人当了医生或法官，他们将自己奉献给了因工作而带来的大量的责任和义务，而我们通常会对滥用职权或玩忽职守的人给予非常严厉的谴责。因此，我们要过美好生活，首先得做个好人。这意味着，我们得接受自己的本性，即自己是一种具有理性和社会性的动物。同时也意味着，我们要无愧于自己的各种身份，并承担身份带来的各种责任。

爱比克泰德给我们举了一个很好的例子。一个颇为重要的人物前来参观他在尼科波利斯的学校。他是一名法官，大概对自己的职务所带来的责任和义务有一定的认识。同时他还是一名父亲，当被问及家庭幸福时，他回答说，他的女儿重病缠身，他不忍心待在她身边，眼睁睁地看着她遭受病痛的折磨，于是他只好逃跑了。爱比克泰德对他进行了一番道德谴责，原因有二：一是他自私地沉浸在自己的感受中，忽视了其他人的感情，尤其是他女儿的感情；二是他忽视了自己身为人父的身份。爱比克泰德也质疑了这名男子的矛盾行为，因为他作为法官，应该希望任何人都不抛弃自己病重的女儿，让她孤苦伶仃；如果病重的是他自己，他当然不希望所有人都弃他于不顾。他口口声声说自己是因为爱女儿而逃跑的，但作为一个父亲，他明明应该出于爱而留下来照顾女儿。他显然没有充当好父亲这个角色。

除了父母这样的特殊身份以外，我们或许可以站在更为宏观的角度考虑如何成为群体的一员，而最宏观的角度是，考虑如何成为全人类的一员。其中是否涉及一些责任和义务？斯多葛学派给出的答案是肯定的。他们认为，我们有责任关照所有人类，还提出要开发自己的理性，并把自己当成这个单一的、由全人类组成的群体中的一员。帝国时期，一位鲜为人知的斯多葛主义者希罗克勒斯（我们几乎对他一无所知）在他的文章里概述了关于斯多葛主义伦理学的一个观点：每个人都处于一系列关注圈的中心，这些关注圈会不断地扩大，从我们自己开始，接着扩大到我们的直系亲属，再扩大到我们的群体，最终扩大到一个最大的圈子，包含整个人类。我们如今所说的世界大同主义，就是来源于斯多葛学派。

不过，值得注意的是，这并不意味着我们应该忽视自己在群体中的位置。在一篇著名的文章中，塞内加是这么写的：

我们可以这样来理解，这个世界上存在两种公共领域——一种是伟大的国度，为所有的人真正共同拥有，在这里神与人是共存的，这个国度没有边界，太阳所照耀之处都属于她的国度；而另一种国度，是我们因命运而意外降生的那个地方。

请注意，这里要强调的重点是，我们同时属于这两种群体，不仅对当地群体有责任，而且对超越地方习俗和法律的全人类同样有关照的义务。偶尔，这两种群体可能产生冲突，那我们必须要先考虑全人类，但也不能因此失去当地群体。

的确，斯多葛学派参与罗马政治的传统由来已久。在公元一世纪，塞内加并不是唯一一位与历任皇帝发生冲突的斯多葛主义者，而且，跟他一样，很多人都命丧尼禄之手。比如，一位名叫赫尔维狄乌斯·普利斯库斯的人物，他是罗马的保民官、执政官，还是罗马元老院的成员。跟塞内加一样，年轻时的赫尔维狄乌斯也学习过哲学，还不止一次被流放，一开始被流放是因为他的政治同盟，接着是因为他自己对弗拉维政权[1]的批判。尤其为后人所熟知的就是他跟韦斯巴芗公开叫板，爱比克泰德还详细记录了他们俩对峙的过程。当赫尔维狄乌斯发现韦斯巴芗滥用元老院的职权时，他对此毫不让步。即便被警告靠边儿站，他还是坚持站出来跟皇帝叫板，就是为了捍卫自己的权利——当然，也包括元老院所有成员的权利。他最终因为这件事被处死了。

赫尔维狄乌斯从未背弃自己身为元老院议员的身份，也没有推卸对元老院的责任，为了那一点儿政治原则，他早就做好了赴死的准备。后来，马可·奥勒留将赫尔维狄乌斯和其他斯多葛学派烈士视为老师，并声称他们教会了自己“什么是人人平等且言论自由的群体”，以及“一个最大限度地尊重每个人的自由的治国理念是什么样子的”。除了思考传统政治和

1. 由韦斯巴芗开创的罗马帝国的第二个世袭王朝，公元69—96年。

如何扮演好皇帝的角色，马可还考虑了包括全人类在内的更大群体。他认为，我们是某个群体的一分子，也是某个有机体的一分子，就像一棵大树的枝干。为了融入更广泛的大群体，我们必须得跟其他成员搞好关系：

从邻近树枝上砍下的那根树枝，必然也是从整棵树上砍下的。同样的，如果一个人跟另一个人断绝来往，他也就脱离了整个人群。但是，树枝是被别人砍断的，人却是因为自己愤恨或排斥对方，而选择与对方隔绝。这个人并没有意识到，当自己这样做时，也把自己跟整个社会群体隔绝了。

谁也不想当一座快乐的孤岛，跟全世界隔绝；这跟我们社交性动物的本性是背道而驰的。

到目前为止，我们看到的都是斯多葛学派提倡人人平等的观点。这也是另一个罗马斯多葛主义者讨论过的话题，我们至今还未聊到他。他的名字是穆索尼乌斯·鲁福斯[1]，意大利人，公元一世纪在罗马讲授哲学。爱比克泰德跟着他学习哲学，还在《爱比克泰德论说集》中多次提到他。许多跟尼禄对着干并死于尼禄之手的斯多葛主义者也是他的学生。

像塞内加一样，穆索尼乌斯也遭受了几任皇帝的迫害，他分别在不同时期遭到了尼禄和韦斯巴芗的流放。有一段时间，他被流放到荒芜的希腊吉亚罗岛，那里没有水，直到穆索尼乌斯自己找到了一汪泉水。不过，他并不是独身一人，因为没过多久，他的追随者就跋山涉水地前去探望他了。

有一些文献记录了穆索尼乌斯的演讲，就像爱比克泰德一样，他的论说集也是由他忠实的学生记录下来的。在其中一篇演说稿中，有人问穆索尼乌斯，女性是否也可以学习哲学。他回应道，女性和男性拥有同样的推理能力，对美德也拥有同样的本能倾向。他提出，女

1. 因讲授斯多葛主义哲学而颇负盛名，有人称他为“罗马时代的苏格拉底”。

性——跟男性一样——也可以从我们前几章谈论的话题中有所收获。

尽管这个观点放在如今社会算不上特别激进——甚至还有点儿屈尊俯就的意思——但你可别忘了，像普及女性的教育和投票权这样的事情，只有一百多年的历史，而穆索尼乌斯早在两千多年前就提出了某种形式的性别平等。因此，对斯多葛学派来说，人就是人，在共通的理性和追求美德的本能上，所有人都是平等的。

这种关注社交和人人平等的观点，似乎挑战了斯多葛学派对他人不管不顾的态度。即便如此，那也并不意味着我们应该时时刻刻待在人堆里。事实上，爱比克泰德劝诫我们不要总是沉溺于别人的陪伴，尤其是那些想在生命中做出一些改变的人。如果我们总是待在人堆里，还是会保持原来的生活习惯，那么甩掉旧习惯或打破行为模式将会变成一件难上加难的事。正如爱比克泰德所暗示的，近朱者赤，近墨者黑。

跟现代许多大学一样，爱比克泰德也会给在尼科波利斯哲学学校的学生放假，让他们回家探望亲人，并在他们动身返乡前送上祝福。如果他们正在努力摆脱一些从前的生活方式，那么他们回家后还有必要跟老友叙旧吗？要是叙旧的话，他们可能会面临重拾旧习的风险——为了融入老友，又恢复以前的生活方式。对此，爱比克泰德奉劝他们要格外谨慎，并建议他们在把新习惯培养稳固之前，尽可能地避免跟这些老友的相聚。

当然，你也没必要完全拒绝社交。毕竟有些人还是值得花时间去相处的：拥有良好习惯的人，跟你志同道合的人，理解你且重视你人生目标的人。打算戒酒的人可以在戒酒互助小组里得到他人的支持，而从自己的酒肉朋友那里只会被诱惑。爱比克泰德提出，我们应该以这样的态度面对生命中的一切，而且应该谨慎选择与自己相处的人，因为他们会对我们造成重要的影响，我们可能在不知不觉之间模仿他们的一言一行。

因此，如果你正在努力培养一个全新的好习惯，那么对于那些具备你唯恐避之不及的恶习的人，你最好躲远点儿。相反，你应该多花时间跟那些志趣相投或是你打心底里敬重或佩服的人相处。这可能就是古代哲学家喜欢聚成一堆，形成学派的原因之一。这也可能是世界上各种宗教都有修建修道院的传统的原因。有抱负的古代斯多葛主义者因此聚在一起，爱比克泰德的哲学学校就是个很好的例子。这也是那些想在日常生活中借用斯多葛主义哲学的现代人热衷于跟同好交流的原因，不管这种交流是当面的，还是在网络上的。爱比克泰德不仅劝诫我们不要把生命浪费在错误的人身上，而且给出了我们学习斯多葛主义哲学的理由：有助于提升我们对社交的认知。

本书的最后一个知识点：我们生来就属于诸多群体，当地的也好，全世界的也罢。如果我们认为自己是独立的个体，独立到能忽略身后更广泛的群体，那我们可就大错特错了。在罗马，坚定的斯多葛主义者宁可直面残暴的君主，也不愿在原则上让步。当他们这么做时，他们就体现了勇敢和正义的美德。斯多葛主义者非但没有鼓吹被动的政治态度，反而鼓励我们奉行政治行动的最高标准。

结语

我们在本书中谈到的许多观点，都来自塞内加写给母亲的告慰书。塞内加的母亲哀愁自己失去了儿子，而塞内加自己被困在科西嘉岛，对克劳狄皇帝接下来会怎么对付自己一无所知。

美好的生活并不需要多么优异的装备，其实就是自然的本意：每个人都能让自己过得开心。外在的东西无关紧要，而且在任何方面都不会产生什么重大的影响：荣华富贵不能提携智者，艰难险阻也不能压倒智者。因为智者向来凭借自己的本事去努力，并从自己的内心获得快乐。

从那时起，这些观点就在各个时代产生了共鸣。从中世纪的文艺复兴时期到十八世纪的启蒙运动时期，塞内加的著作成了人们的普遍读物。爱比克泰德那本简短的《道德手册》在中世纪初还被僧侣当成了修炼指南。马可·奥勒留的《沉思录》在英国维多利亚时期是最畅销的图书，而且它直至今天仍然是最受欢迎的哲学著作之一。我们在书中探讨的大量斯多葛主义思想，影响了二十世纪中期多种认知行为疗法的发展，如理性情绪行为疗法[1]。

自2012年开始，已经有两万多人参与了一个全球性线上实验。这项实验是为了让人们以斯多葛学派的方式生活一周，然后看看这么做会不会提升他们的幸福感。实验结果表明，确实有效果；那些将实验延长到一个月的人则收获了更多。与所有的刻板印象毫不相同的是，那些以斯多葛主义哲学为生活指南的人，收获更多的是热情、活力和对生活的激情。

1. 由美国临床心理学家艾伯特·埃利斯提出。

我由衷地希望，我们所有人都能从斯多葛主义的哲学思想中有所收获。但斯多葛主义者可能会坚称，除非能在日常生活中践行这些思想，否则你是不会真正获益的。然而，这就是真正困难的开端。

拓展阅读

三位罗马斯多葛主义者的著作的现代译本随处可见。我们可以在“企鹅经典”（Penguin Class）中找到以下几本：

由罗伯特·多宾（Robert Dobbin）翻译的爱比克泰德的《论说集和精选作品集》（*Discourses and Selected Writings*，2008年）

由马丁·哈蒙德（Martin Hammond）翻译的马可·奥勒留的《沉思录》（*Meditations*，2006年）

由C. D. N. 科斯塔（Costa）翻译的塞内加的《对话集和书信集》（*Dialogues and Letters*，1997年）

由罗宾·坎贝尔（Robin Campbell）翻译的塞内加的《一名斯多葛主义者的书信

集》（*Letters from a Stoic*，1969 年）

以下三本属于“企鹅口袋书系列·伟大的思想”：

由罗伯特·多宾翻译的爱比克泰德的《论人类自由》（*Of Human Freedom*，2010 年）

由马克斯韦尔·斯塔尼福思（Maxwell Staniforth）翻译的马可·奥勒留的《沉思录》（*Meditations*，2004 年）

由 C. D. N. 科斯塔翻译的塞内加的《论生命之短暂》（*On the Shortness of Life*，2004 年）

想深入研究塞内加的读者可以在《塞内加全集》（*The Complete Works of Lucius Annaeus Seneca*，University of Chicago Press，2010—2017 年）中找到他所有的作品，这些作品都是最新译本，还附有注释。

还有许多书也指出，现代的人们可能会将

斯多葛主义哲学付诸实践。这些书按照出版顺序排列如下：

威廉·欧文（Willam Irvine）的《美好生活指南》（*A Guide to the Good Life*, Oxford University Press，2009 年）

唐纳德·罗伯逊（Donald Robertson）的《斯多葛学派和幸福的艺术》（*Stoicism and the Art of Happiness*, Hodder & Stoughton，2013 年）

瑞安·霍利迪（Ryan Holiday）和史蒂芬·汉塞尔曼（Stephen Hanselman）的《斯多葛主义者的日常》（*The Daily Stoic*, Profile，2016 年）

马西莫·皮柳奇（Massimo Pigliucci）的《如何成为一名斯多葛主义者》（*How To Be a Stoic*, Rider，2017 年）

对罗马的斯多葛主义者感兴趣的读者可以看看以下著作：

皮埃尔·阿多（Pierre Hadot）的

《内心的避难所：马可·奥勒留的沉思》（*The Inner Citadel: The Meditations of Marcus Aurelius*, Harvard University Press, 1998年）

A. A. 朗（Long）的《爱比克泰德：斯多葛学派和苏格拉底式的生活指南》（*A Stoic and Socratic Guide to Life*, Oxford University Press, 2002年）

埃米莉·威尔逊（Emily Wilson）的《塞内加传》（*Seneca: A Life*, Allen Lane, 2015年）

想学习斯多葛主义哲学，尤其是早期雅典斯多葛主义哲学的读者，可以从以下基本读物着手：

布拉德·伊伍德（Brad Inwood）的《斯多葛主义哲学：简短的介绍》（*Stoicism: A Very Short Introduction*, Oxford University Press, 2018年）

约翰·塞拉斯（John Sellars）的《斯

多葛主义》（*Stoicism*，2006 年，Routledge，2014 年再版）

还有许多网站和其他网络上的资源致力于推广斯多葛主义哲学。在这里，我只提一个：www.modernstoicism.com，这个网站的经营者就是推广“斯多葛主义周”活动的团队。“斯多葛主义周”是一项一年一度的实验，邀请人们像斯多葛主义者一样生活一周的时间，目的是了解这么做是否影响人们对幸福的感受，而“斯多葛聚会”（Stoicon）是邀请那些在日常生活中借鉴斯多葛主义哲学的人们参加的一场年度聚会。

参考文献

第一章　哲学家犹如医生

爱比克泰德把哲学学校看作医院的观点出自《爱比克泰德论说集》（*Discourses*）的第3卷第23章第30节。苏格拉底将哲学家比喻成医生的观点出自柏拉图的《阿尔喀比亚德篇》（*Alcibiades*）的127e—130c，他劝诫人们关注自己灵魂的观点出自柏拉图的《苏格拉底的申辩篇》（*Apology*）的29d—30b。苏格拉底认为外在世界没有内在价值的观点出自柏拉图的《欧绪德谟篇》（*Euthydemus*）的278e—281e。锡诺普的第欧根尼住在一个桶里，并追求朴素生活的事，参见第欧根尼·拉尔修的《名哲言行录》（*Lives of the Philosophers*）的第6卷第23节和第37节。亚里士多德对慷慨的讨论出自《尼各马可伦理学》（*Nicomachean Ethics*）第4

卷第 1 节。芝诺对外部事物的观点参考第欧根尼·拉尔修《名哲言行录》的第 7 卷第 102—107 节。

第二章　你能控制的事

爱比克泰德划分事物是否可控的内容出自《道德手册》(*Handbook*)第 1 节。马可·奥勒留对客观事物的客观描述出自《沉思录》(*Meditations*)第 6 卷第 13 节。关于把自己想象成戏剧演员的观点，可参见爱比克泰德《道德手册》的第 17 节。安提帕特关于弓箭手的类比可参见西塞罗的《论目的》(*On Ends*)第 3 卷第 22 节。马可关于万物变化的观点出自《沉思录》第 2 卷第 17 节。芝诺提到的“细水长流的生活”可参见第欧根尼·拉尔修的《名哲言行录》第 7 卷第 88 节。爱比克泰德提出的“水手比喻”出自《爱比克泰德论说集》第 4 卷第 3 章第 5 节。关于晨间反思和晚间反思，参见马可的《沉思录》第 2 卷第 1 节以及塞内加的《论愤怒》第 3 卷第 36 章第 1—3 节。爱比克泰德对全神贯注的观点见《爱比克泰德论说集》第 4 卷第 12 章。

第三章 情绪那些事儿

爱比克泰德帮助一名因惹恼兄弟而感到不安的男子的内容出自《爱比克泰德论说集》第 1 卷第 15 章。克利西波斯对失控情绪的描述出自盖伦（Galen）的《论希波克拉底和柏拉图的学说》（*On the Doctrines of Hippocrates and Plato*）第 4 卷第 2 章第 15—18 节。卡里古拉对塞内加的敌意参见卡西乌斯·狄奥（Cassius Dio）的《罗马史》的第 59 卷第 19 章。塞内加认为愤怒是短暂的疯癫出自《论愤怒》（*On Anger*）第 1 卷第 1 章第 2 节。关于被摔到地面的比喻参见《论愤怒》第 1 卷第 7 章第 4 节。“自然冲动”参见《论愤怒》第 2 卷第 2 章第 4 节至第 3 章第 5 节。他所说的“恐惧让人逃离……”见《论愤怒》第 2 卷第 3 章第 5 节。爱比克泰德的“记住，真正侮辱你的……”那段引用出自《道德手册》第 20 节。

第四章　面对逆境

塞内加被尼禄皇帝处死的具体经过出自塔西佗[1]的《罗马帝国编年史》(*Annals*)第15卷第60—64节。塞内加把逆境当作锻炼的论述出自《论天意》(*On Providence*)第2章第2节；角斗士的比喻参见《论天意》第2章第3节；士兵的类比参见《论天意》第4章第8节。西塞罗提到的“物理的命运”参见他的《论预言》(*On Divination*)第1卷126节。塞内加写的“遇到永恒的不幸……”出自他的《致赫尔维亚的告慰书》(*Consolation to Helvia*)的第2章第3节。“我不赞同……”这段话引用了塞内加的《致卢西利乌的道德书札》(*Letters to Lucilius*)中的第28封信。塞内加关于应对逆境要做好准备的观点，出自《致赫尔维亚的告慰书》第5章第3节。为未来的逆境做好准备的观点出自《致玛西娅的慰问书》(*Consolation to Marcia*)的第9章第1—2节。

---

1. 古罗马元老院议员，历史学家。

第五章 摆正自己的位置

马可·奥勒留的"跟漫无边际的时间深渊……"参见《沉思录》第12卷第32节。马可从上述观点引出的例子来自《沉思录》第9卷第30节。詹姆斯·洛夫洛克（James Lovelock）的盖亚假说概括自他的著作《盖亚：地球生命的新视野》（*Gaia: A New Look at Life on Earth*, Oxford University Press, 1979年初版；2000年再版）；引文来自第10页。"谋事在人，成事在天"引自阿弗罗狄西亚的亚历山大（Alexander of Aphrodisias）的《论命运》（*On Fate*）的181.14。马可写的"自然能给予一切……"引自《沉思录》第10卷第14节；他在第9卷第39节对比了天意秩序和原子碰撞。"宇宙本性的冲动……"引自《沉思录》第7卷第75节；"愿你能养成……"引自第10卷第11节。

第六章 生存与死亡

引文"生活是一件最不重要的活动"出自

塞内加的《论生命之短暂》(*On the Shortness of Life*)第7章第3节;"每个人都忙于自己的生活……"引自第7章第8—9节;"以生命为代价而赢来的"引自第20章第1节。爱比克泰德的第一段引文"如今你要我离开……"出自《爱比克泰德论说集》第3卷第5章第10节;"在任何情况下……"引自《道德手册》第11节;"如果你想让自己的孩子……"引自《道德手册》第14节。

第七章　过一过集体生活

马可提到逃离外部世界,退回自己"内部堡垒"的内容来自《沉思录》第8卷第48节。亚里士多德提出人类是政治性动物的观点来自他的《政治学》(*Politics*)第1卷第2章。关于男子抛弃病重女儿的内容来自《爱比克泰德论说集》第1卷第11章。希罗克勒斯描述的关注圈可以从保存在斯托拜乌斯(*Stobaeus*)的《文摘》第4卷第671节第7行到第673节第11行的残篇中找到。"我们可以这样来理解……"

引自塞内加的《论闲暇》(*On Leisure*)的第4章第1节。爱比克泰德对赫尔维狄乌斯·普利斯库斯的记录参考《爱比克泰德论说集》的第1卷第2章第19到21节。马可·奥勒留写的“什么是人人平等且言论自由的群体”引自《沉思录》第1卷第14节,“从邻近树枝上……”引自第11卷第8节。穆索尼乌斯·鲁福斯被流放的事参考菲洛斯特拉图斯(Philostratus)的《阿波罗尼奥斯传》(*Life of Apollonius*)第7卷第16章。穆索尼乌斯提倡让女性学习哲学的观点参考他的《论说集》(*Diatribes*)的第3篇和第4篇。爱比克泰德提出的跟有坏习惯的人相处会有风险的观点来自《爱比克泰德论说集》第3卷第16章和第4卷第2章。

结 语

有关塞内加的段落来自《致赫尔维亚的告慰书》的第5章第1节。对斯多葛主义哲学后期产生的影响感兴趣的读者,可以参考约翰·塞拉斯编著的《劳特里奇手册之斯多葛主义传统》（*The Routledge Handbook of the Stoic Tradition*，*Routledge*，2016 年）。

致　谢

首先，我要感谢卡西安娜·约尼查（Casiana Ionita）建议我写这本书，感谢她在我的写作过程中给予了敏锐的建议，还要感谢她对我的初稿进行了风格上的微调。

我也要感谢现代斯多葛主义团队中的合作者：克里斯托弗·吉尔（Christopher Gill）、唐纳德·罗伯逊（Donald Robertson）、蒂姆·利本（Tim LeBon）以及以前和现在的其他成员。如果没有我们在过去几年共同完成且如今继续在做的工作，这本书是不太可能完成的。

最后，但绝不是最无关紧要的人物是道恩（Dawn），我将这本书献给他，这是十分必要的。

出版后记

哲学可用作治疗，这种古老的观念两千年来持续影响着哲学家，并且惠及大众。纵观其内部，充满与心理学、社会学、物理学、医学相关的“人学”智慧。它提醒人们，不断追问大问题，不光有利于丰富智识，更能让心灵获益。

在“哲学疗愈”这套丛书中，你将读到来自海内外哲学界专家学者的短篇作品：关于严谨哲学如何拨动人类内心深处的琴弦，解答当下社会发生的实际问题，拨开现象的迷雾，安抚人性的躁动不安，助你走出价值死胡同。在这个意义上，你可以将它视为一套陪伴指引型的实用锦囊，通过它，找到适用于你自己的幸福生活的尺度。

本书以强调责任感和社会生活的斯多葛主义为核心，讨论应该如何坦然地应对人生中的不可知。人们常常将斯多葛式实践法称为“重构认知”（Reforming），它教我们切忌短视，适当抽离，改变观察事实的角度，就像从高空俯瞰地面一样。新冠病毒的全球大流行让“意外和明天哪一个先来”成了每个人头顶的达摩克利斯之剑，迫使我们自我调整、适应“新常态”。它的复兴近乎必然：在国外，疫情封锁期间的《塞内加的斯多葛书信》电子版销量增加了747%，《沉思录》销量增长了356%……读罢本书，我们可以找到大众心理领域常常提及的消极想象、控制二分法等实践智慧的古罗马源头。这些故事虽然传诵已久，却离现实不远。

最后，译者是哲学系出身，也是一位“慢生活家”，从容、幽默、举重若轻，活脱脱的古希腊好奇青年。她将自身的知识和体悟融入翻译，为消除文化隔阂而反复推敲、查实、修订。感谢她的倾力工作。

后浪出版公司

著作权合同登记图字：09-2022-0791 号

图书在版编目（CIP）数据

我们可以坦然接受不可控并尽力而为 /（英）约翰·塞拉斯著；修玉婷译. -- 上海：上海三联书店，2022.12（2024.3 重印）
ISBN 978-7-5426-7928-4

Ⅰ. ①我… Ⅱ. ①约… ②修… Ⅲ. ①人生哲学—通俗读物Ⅳ. ① B821-49

中国版本图书馆 CIP 数据核字 (2022) 第 209126 号

我们可以坦然接受不可控并尽力而为

[英] 约翰 · 塞拉斯 著　修玉婷 译

责任编辑 / 宋寅悦　徐心童
策划编辑 / 罗泱慈
特约编辑 / 罗泱慈
装帧设计 / 何昳晨
内文制作 / 严静雅
责任校对 / 张大伟
责任印制 / 姚　军
出版发行 / 上海三联书店
（200030）上海市漕溪北路 331 号 A 座 6 楼
邮购电话 / 021-22895540
印　　刷 / 河北中科印刷科技发展有限公司
版　　次 / 2023 年 1 月第 1 版
印　　次 / 2024 年 3 月第 2 次印刷
开　　本 / 787mm × 1092mm　1/32
字　　数 / 50 千字
印　　张 / 4
书　　号 / ISBN 978-7-5426-7928-4/B·808
定　　价 / 49.80 元

如发现印装质量问题，影响阅读，请与印刷厂联系：0534-2671216